ミニオンたちが きみの ところに やってきた！

わんぱくで　やんちゃな　ミニオンたちは、
けいさんの　べんきょうを　して　いる
きみに　いろんな　イタズラを
しかけて　くるよ。
きみは　ミニオンたちの　イタズラに
まけずに、この　ドリルを
やりとげる　ことが　できるかな？

ミニオンって？

さいきょうで　さいあくの
ボスに　つかえる　ことが
いきがいの　なぞの　いきもの。
きいろい　からだと　おそろいの
オーバーオールが　とくちょうだよ。

1

この ほんに とうじょうする ミニオンたち

ボブ

いっしょうけんめいで
じゅんすい。ちょっぴり
あまえんぼうだよ。

スチュアート

クールな せいかく。
ギターと うたが
とくいだよ。

ケビン

ミニオンたちの
しあわせを いつも
かんがえて いるよ。

カール

おちょうしもので、
たのしい ことが
だいすき。

フィル

きれいずきで、
よく そうじを
して いるよ。

オットー

おしゃべりが だいすき。
はに きょうせいきぐを
つけて いるよ。

ジェリー

やさしくて、こどもの
めんどうを みるのが
とくいだよ。

ディブ

しんせつで、
おもいやりの ある
こころの もちぬし。

メル

ぶあいそうだけど
まじめな ミニオン。

1 かず（1 〜 5）

① ミニオンたちが　バナナを　もらったよ。
もらった　バナナの　かずを　なぞろう。（ぜんぶ　てきて　40てん）

©くもん出版

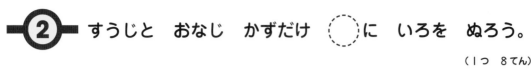

2 すうじと おなじ かずだけ ◯ に いろを ぬろう。

（1つ 8てん）

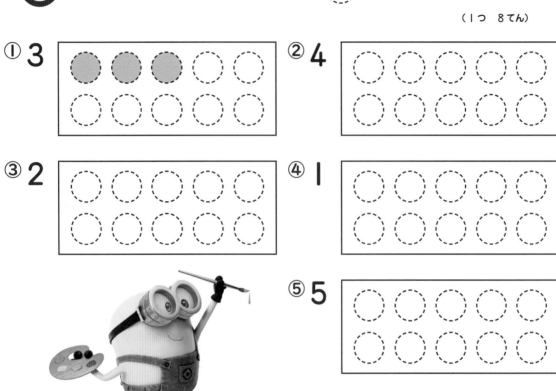

① 3

② 4

③ 2

④ 1

⑤ 5

3 ケーキの かずを すうじで かこう。

（1つ 10てん）

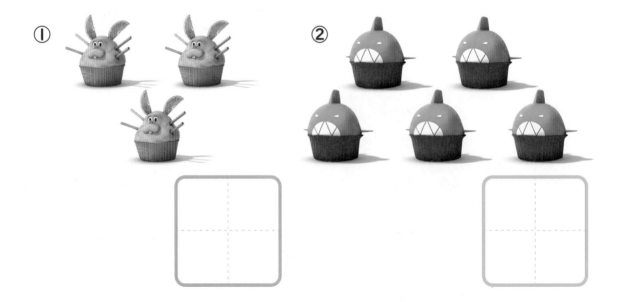

①

②

1 いろいろな　しゅるいの
ボールを　みつけた
ミニオンたち。
みつけた　ボールの　かずを
なぞろう。　　（ぜんぶ　できて　40てん）

①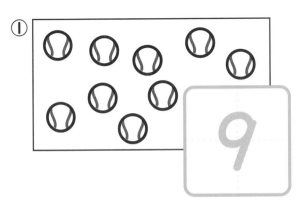

9

②

8

③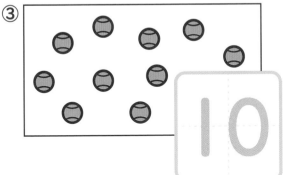

10

④

7

⑤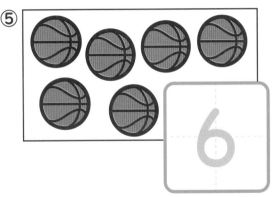

6

5

（1つ 10てん）

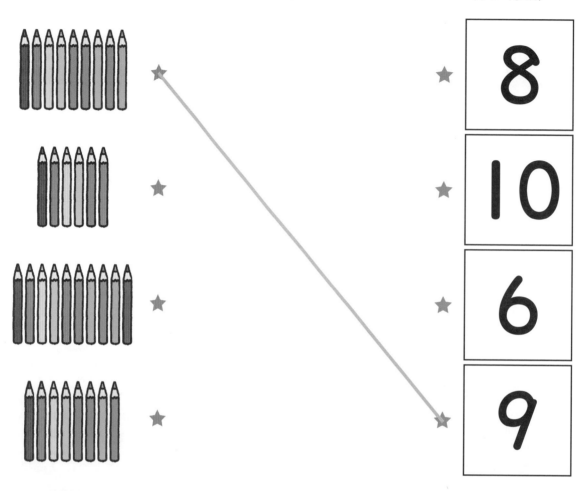

3 バナナの かずを すうじで かこう。

（1つ 10てん）

① 　　②

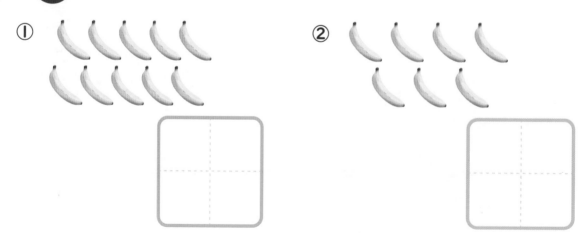

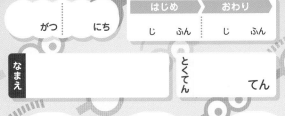

がつ　にち

はじめ　おわり
じ　ふん　じ　ふん

なまえ

とくてん
てん

① ミニオンたちが　バナナを　たべたがって　いるよ。
ミニオンの　かずと　おなじ　かずの　バナナは
どちらかな。まるで　かこもう。

（1つ　20てん）

①

あ

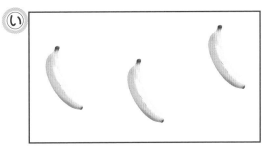

い

②

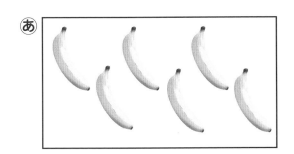

あ

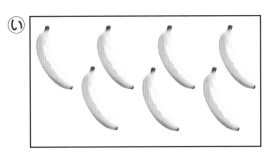

い

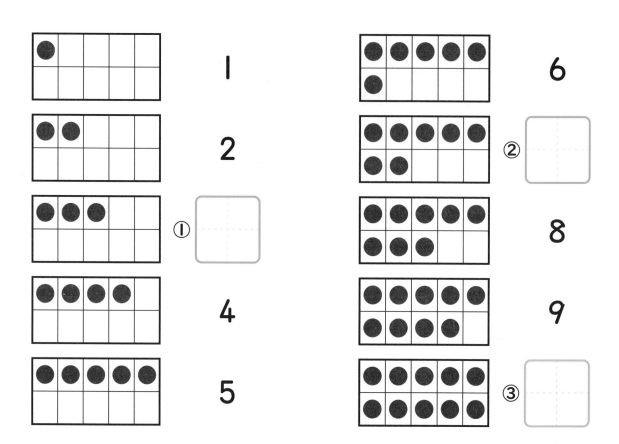

©くもん出版

4 かずの ならびかた②

① ミニオンたちが　ならんで　いる　かずを
かくしちゃったよ。
かくれて　いる　かずを　かこう。

（１つ　20てん）

①

| 1 | 2 | | 4 | 5 |

3

②
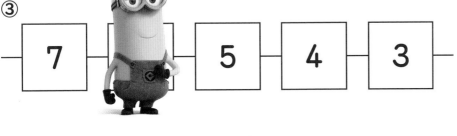

| 5 | 6 | 7 | | 9 |

③
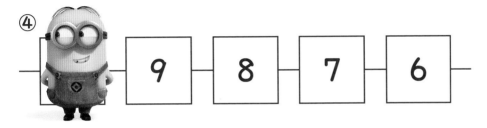

| 7 | | 5 | 4 | 3 |

④

| 9 | 8 | 7 | 6 |

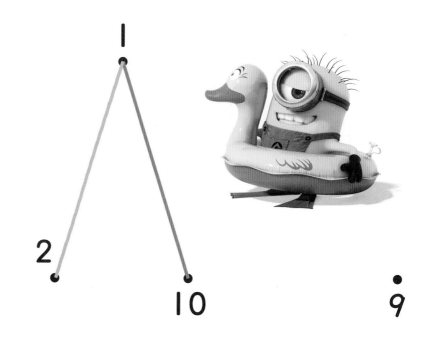

1

3

2

10

9

4

8

6

5

7

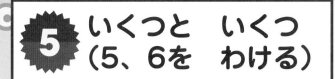

はじめ　おわり
じ　ふん　じ　ふん

なまえ

とくてん
てん

① スチュアートの　ほうが　おおく
なるように　バナナを　わけたよ。
いくつと　いくつに　わけたかな。

（それぞれ　ぜんぶ　できて　20てん）

① │ バナナの　かず：5 │

スチュアート

デイブ

3 と **2**

② │ バナナの　かず：6 │

ケビン

スチュアート

2 と

11

©くもん出版

② □の かずは いくつと いくつに なるかな。(1つ 10てん)

| 5は いくつと いくつ |

①
```
    5
   / \
  2   3
```

②
```
    5
   / \
  ◯   1
```

| 6は いくつと いくつ |

③
```
    6
   / \
  ◯   1
```

④
```
    6
   / \
  3   ◯
```

③ さいころ 2つで 5や 6に なる くみを
あから うの なかから えらんで まるで かこもう。

(1つ 10てん)

① さいころ 2つで 5

あ [4] [4]　　い [1] [5]　　う [3] [2]

② さいころ 2つで 6

あ [1] [4]　　い [3] [3]　　う [6] [3]

12

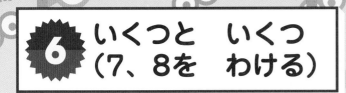

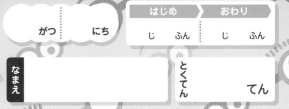

6 いくつと いくつ（7、8を わける）

① バナナを たくさん てに いれたよ。
ふたりで なかよく わけよう。
いくつと いくつに なるかな。　（それぞれ ぜんぶ できて 20てん）

① バナナの かず：7

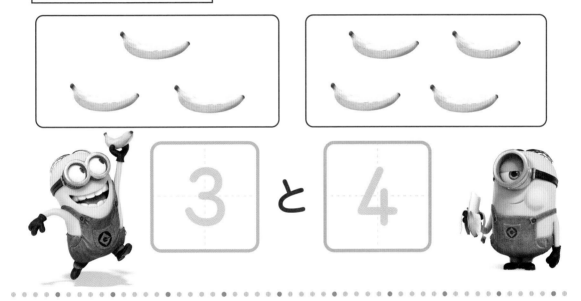

② バナナの かず：8

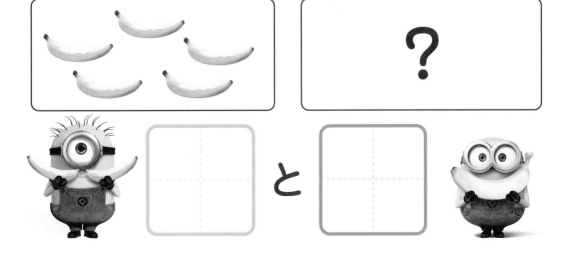

13

©くもん出版

2 □の　かずは　いくつと　いくつに　なるかな。（1つ　10てん）

7は　いくつと　いくつ

①
```
   7
  2  5
```

②
```
   7
  ○  6
```

8は　いくつと　いくつ

③
```
   8
  ○  1
```

④
```
   8
  2  ○
```

3 バナナの　かずは　いくつかな。　　（1つ　5てん）

① 8

②

③

④

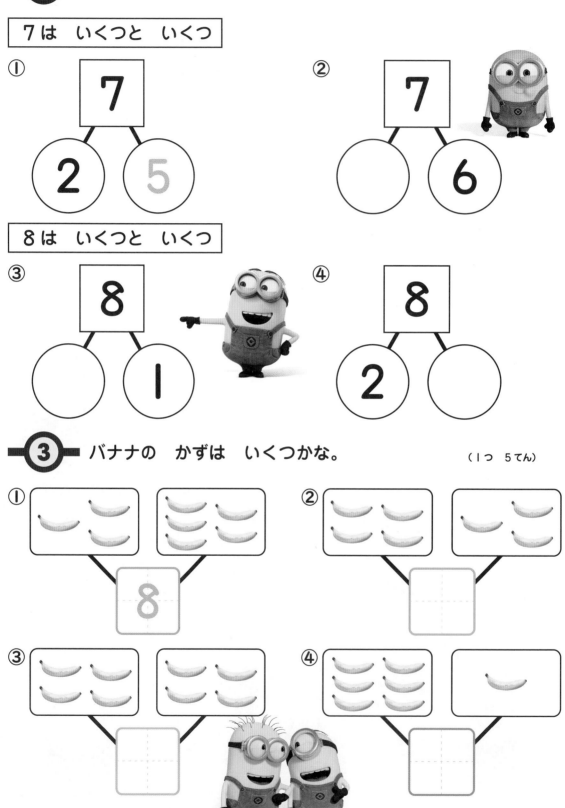

14

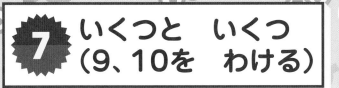

7 いくつと いくつ（9、10を わける）

がつ	にち	はじめ		おわり	
		じ	ふん	じ	ふん

なまえ

とくてん　　　てん

① ミニオンたちが バナナを かくして しまったよ。
かくれて いる バナナの かずは いくつかな。

（それぞれ ぜんぶ できて 20てん）

① バナナの かず：9

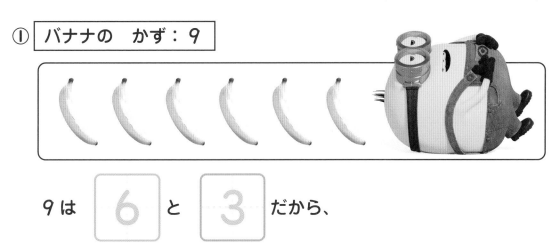

9は ⑥ と ③ だから、

かくれて いる バナナの かず ③

・・

② バナナの かず：10

10は 　　 と 　　 だから、

かくれて いる バナナの かず 　　

15

©くもん出版

② あと いくつで 9に なるかな。
しかくに まるを かこう。

（1つ 15てん）

7

① ○ ○ ○ ○ ○ ○ ○ ○ ○

4

② ○ ○ ○ ○

③ いくつと いくつで 10に なるかな。

（1つ 10てん）

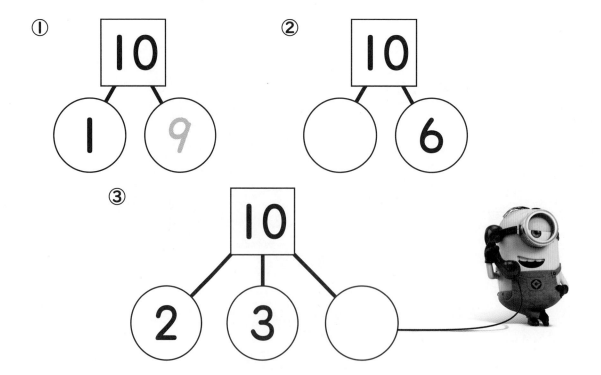

① 10
  1   9

② 10
      6

③ 10
  2   3

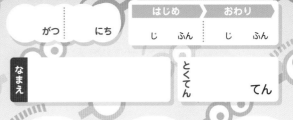

1 ミニオンたちが、じゅんばんに　ならんで　いるよ。
ひだりから　2ばんめは　だれかな。
まるで　かこもう。

（25てん）

2 ミニオンたちが、じゅんばんに　ならんで　いるよ。
うしろから　5にんを　まるで　かこもう。

（25てん）

©くもん出版

③ ミニオンたちが、じゅんばんに ならんで いるよ。
カールは みぎから なんばんめに いるかな。 （25てん）

| ひだり | ジェリー | ボブ | カール | デイブ | ケビン | みぎ |

みぎから 〔　　　〕 ばんめ

④ ミニオンたちが、
じゅんばんに
ぶらさがって いるよ。
ケビンは うえから
なんばんめに いるかな。

（25てん）

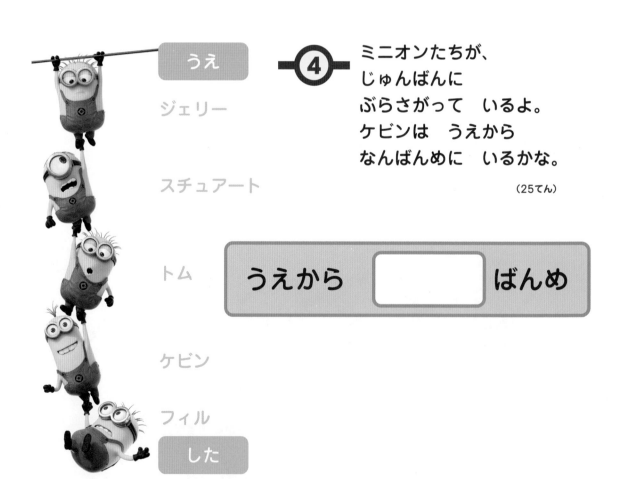

うえ
ジェリー
スチュアート
トム
ケビン
フィル
した

うえから 〔　　　〕 ばんめ

がつ　にち

はじめ　おわり
じ　ふん　じ　ふん

なまえ

とくてん
てん

① カールが まいごに なって いるよ。
こたえが 9に なる マスを とおって
ゴールまで つれて いって あげよう。

（20てん）

スタート

| 2 + 7 | 4 + 4 | 2 + 3 |

| 3 + 4 | 4 + 5 | 6 + 3 | 1 + 8 |

| 5 + 1 | 1 + 1 | 3 + 5 | 5 + 4 |

ゴール

| 6 + 2 | 1 + 5 | 5 + 2 |

② つぎの たしざんを しよう。 （1つ 10てん）

① $4 + 3 = \boxed{7}$ ② $2 + 6 = \boxed{}$

③ $3 + 3 = \boxed{}$ ④ $1 + 7 = \boxed{}$

③ あわせて なんこに なるかな。
しきに かいて こたえよう。 （1つ 10てん）

①

しき $\boxed{2 + 3 = 5}$ こたえ $\boxed{5 こ}$

・・・・・・・・・・・・・・・・・・・・・・・・・・・・・・

②

しき $\boxed{}$ こたえ $\boxed{}$

20   ©くもん出版

10 ふえると　いくつ

① ミニオンたちが　ビーチに　あそびに　きたよ。
それぞれ　ぜんぶで　なんにんに　なるかな。

（1つ　10てん）

①カールが　ビーチに　いると、
　ふたり　やって　きたよ。
　ミニオンは　ぜんぶで
　なんにんに　なったかな。
　しきに　かいて　こたえよう。

しき　　　|　＋ 2 ＝ 3

こたえ　　　3 にん

②カールが　ひとりで　あそんで　いると、
　3 にん　やって　きたよ。
　ミニオンは　ぜんぶで
　なんにんに　なったかな。
　しきに　かいて　こたえよう。

しき

こたえ

21

©くもん出版

② つぎの　たしざんを　しよう。 （1つ　5てん）

① 4 + 4 = 8

② 5 + 2 =

③ 2 + 7 =

④ 6 + 3 =

⑤ 1 + 9 =

⑥ 5 + 5 =

③ ミニオンたちが　ペンキを
こぼして　しまったよ。
こぼして　しまった
ところの　かずを
かこう。 （1つ　15てん）

① 3 + ⬛ = 7

② ⬛ + 8 = 10

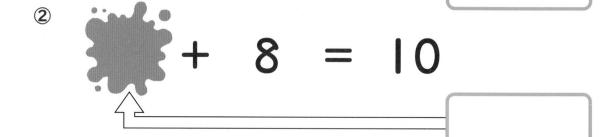

11 のこりは　いくつ

① ミニオンたちが　じゃまを　して、しきを　かくして
いるよ。かくれて　いる　かずを　えらんで
まるで　かこもう。

（1つ　10てん）

① 6 − 2 =　4・7

② 5 − 3 =　2・8

③ 8 − 5 =　1・3

④ 7 − 1 =　5・6

⑤ 4 − 2 =　2・6

② つぎの ひきざんを しよう。

(1つ 5てん)

① 9 − 5 = 4

② 8 − 3 =

③ 6 − 4 =

④ 7 − 2 =

⑤ 5 − 2 =

⑥ 8 − 7 =

⑦ 9 − 1 =

③ バナナが 9ほん あったよ。
ミニオンたちが 6ぽん たべて しまったよ。
のこりは なんぼんに なったかな。

(ぜんぶ てきて 15てん)

しき 9 − 6 = 3

こたえ 3 ぼん

24

がつ にち

なまえ

はじめ　おわり
じ ふん　じ ふん

とくてん　てん

1 ボブと　ケビンが　もって　いる　ケーキの
かずの　ちがいは　なんこかな。
しきに　かいて　こたえよう。

（１つ 15てん）

ボブ

ケビン

しき　8 − 6 = 2

こたえ　　　　　こ

② かずの ちがいが 3の ものを すべて えらんで
まるで かこもう。

（ぜんぶ できて 30てん）

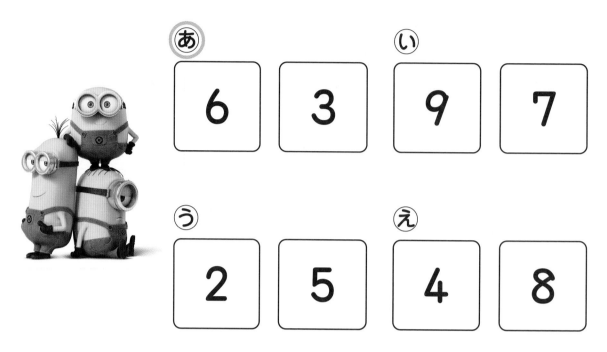

あ

6	3

い

9	7

う

2	5

え

4	8

③ 5まいの カードを つかって、こたえが 4に なる
ひきざんの しきを 2つ つくろう。
カードは 1かいしか つかえないよ。

（ぜんぶ できて 40てん）

2	3	5	6	9

6 − 2 = 4

☐ − ☐ = 4

13 0の たしざん

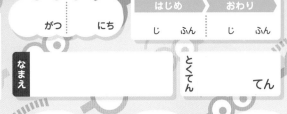

はじめ　おわり
じ　ふん　じ　ふん
がつ　にち
なまえ
とくてん　てん

① ミニオンたちが たしざんの カードを
やぶって しまったよ。
しきと こたえが あうように
せんで むすぼう。　　　　（1つ 8てん）

しき　　　　　　　　　　　　　　　こたえ

6 + 0 = ★　　　　★ = 2

0 + 0 = ★　　　　★ = 0

0 + 4 = ★　　　　★ = 3

1 + 1 = ★　　　　★ = 4

2 + 1 = ★　　　　★ = 6

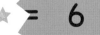

② つぎの たしざんを しよう。

（1つ 8てん）

① 1 + 0 = | 1 |

② 0 + 5 =

③ 0 + 0 =

④ 7 + 0 =

⑤ 0 + 9 =

③ ミニオンたちが サッカーを したよ。
ぜんはんは 0てん、こうはんは 3てん
ゴールを きめたよ。
ごうけい なんてんに なったかな。

（1つ 10てん）

しき　0 + 3 = 3

こたえ　3 てん

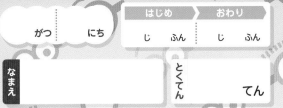

① きょうの おやつは ケーキが 3こずつだよ。
おやつの じかんまで まてるかな。
のこりの ケーキの かずを、
しきに かいて こたえよう。

（1つ 10てん）

① 1こ たべたよ。

しき

$$3 - 1 = 2$$

こたえ

2こ

② ぜんぶ たべたよ。

しき

こたえ

③ 1こも たべなかったよ。

しき

こたえ

©くもん出版

② つぎの　ひきざんを　しよう。

（1つ　5てん）

① 1 − 0 = 1

② 6 − 0 =

③ 5 − 0 =

④ 0 − 0 =

⑤ 8 − 8 =

⑥ 10 − 10 =

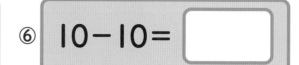

③ スチュアートが　ボウリングを　したよ。
6 ぽんの　ピンを　ぜんぶ　たおしたよ。
たおれて　いない　ピンは　なんぼんかな。

（1つ　5てん）

しき

こたえ

30

がつ　にち

はじめ　おわり
じ　ふん　じ　ふん

なまえ

とくてん　てん

1 つぎの　けいさんを　しよう。　（1つ　5てん）

① $5 + 3 =$

② $2 + 4 =$

③ $1 + 6 =$

④ $0 + 2 =$

⑤ $8 + 1 =$

⑥ $4 + 3 =$

⑦ $7 - 4 =$

⑧ $8 - 2 =$

⑨ $3 - 1 =$

⑩ $9 - 0 =$

⑪ $6 - 5 =$

⑫ $9 - 7 =$

② ミニオンたちが じゃまをして、しきを かくして
いるよ。かくれて いる きごうを えらんで
まるで かこもう。

（1つ　5てん）

① $5 \quad 4 = 9$　　$+ \cdot -$

② $7 \quad 3 = 4$　　$+ \cdot -$

③ $6 \quad 4 = 10$　　$+ \cdot -$

③ ボブは ぬいぐるみを　6つ、
トムは ぬいぐるみを　3つ
もって いるよ。
どちらが いくつ おおく
もって いるかな。

（ぜんぶ できて　25てん）

しき

こたえ　　　が　　つ
おおく もって いる。

がつ　にち

はじめ　おわり
じ　ふん　じ　ふん

なまえ

とくてん　てん

1 トムは そうがんきょうを ひろったよ。
そうがんきょうで みた ものの
かずを なぞろう。

（1つ 10てん）

①

🐝の かず

	11

②

🦋の かず

18

② すうじと おなじ かずだけ
ただしく いろを ぬって いるのは どちらかな。
まるで かこもう。

（1つ 20てん）

①

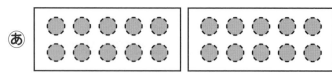

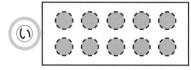

②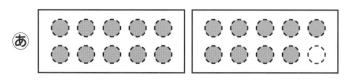

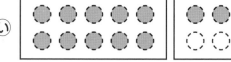
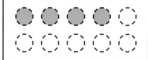

③ かずを すうじで かこう。

（1つ 20てん）

①

 の かず

②

 の かず

34 ©くもん出版

17 10と　いくつ

がつ　にち

なまえ

はじめ　おわり
じ　ふん　じ　ふん

とくてん　てん

① ミニオンたちが　ブロックを　かくしちゃったよ。
かくれて　いる　ブロックは　いくつかな。　（1つ　5てん）

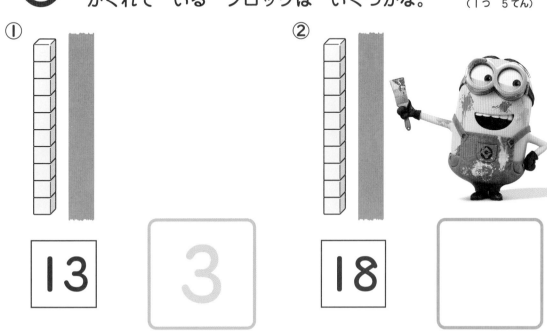

① 13　3

② 18

③ 12　10

④ 16

©くもん出版

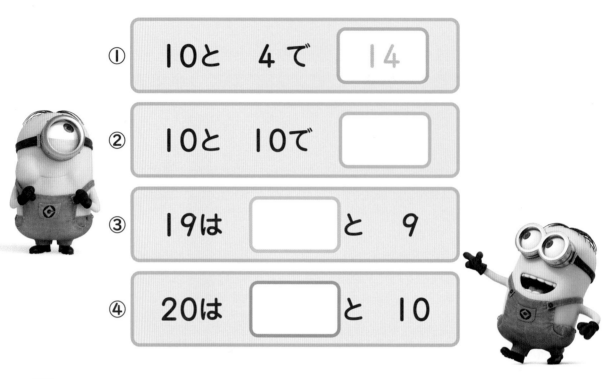

① 10と 4で [14]

② 10と 10で [ ]

③ 19は [ ] と 9

④ 20は [ ] と 10

③ あてはまる かずを かこう。 (1つ 10てん)

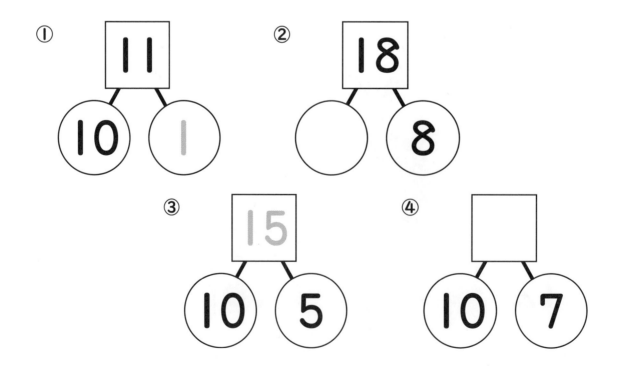

① 11 → 10 と 1

② 18 → [ ] と 8

③ 15 → 10 と 5

④ [ ] → 10 と 7

がつ　にち

はじめ　おわり

じ　ふん　じ　ふん

なまえ

とくてん　てん

① ミニオンたちが　とおせんぼ　しているよ。
もんだいの　こたえの　ほうを　とおって
ゴールまで　いこう。

（ぜんぶ　できて　40てん）

©くもん出版

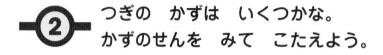

2 つぎの　かずは　いくつかな。
かずのせんを　みて　こたえよう。

（1つ　10てん）

①11より　2　おおきい　かず

13

②16より　3　おおきい　かず

③15より　4　ちいさい　かず

10　11　12　13　14　15　16　17　18　19　20

3 かずの　おおきい　ほうを　まるで　かこもう。（1つ　10てん）

①

14　17

③

12　20

②

16　11

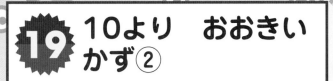

19 10より おおきい かず②

がつ　にち

はじめ　おわり
じ　ふん　じ　ふん

なまえ

とくてん　てん

1 ミニオンたちが ならんで いる かずを
かくしちゃったよ。かくれて いる かずを かこう。

（1つ 15てん）

①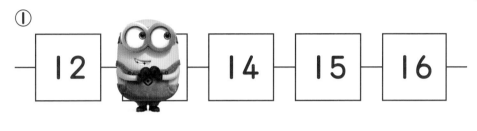

13

②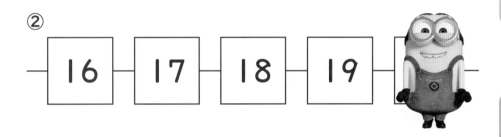

③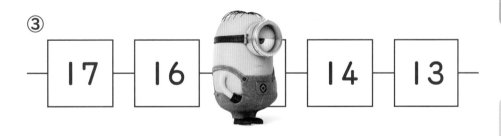

④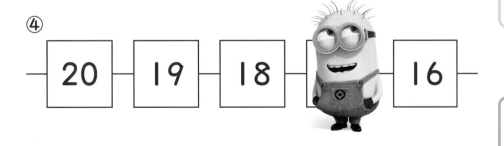

2 ミニオンたちが　カードを　バラバラに　したよ。
ちいさい　じゅんに　なるように
カードを　ならびかえよう。

（40てん）

ちいさい　じゅん

0 → → → → 12 → → →

©くもん出版

がつ　にち

はじめ　おわり
じ　ふん　じ　ふん

なまえ

とくてん　てん

① ケビンと スチュアートが まとあてゲームを したよ。
ふたりの てんすうの ごうけいは なんてんかな。

（1つ 5てん）

ケビン

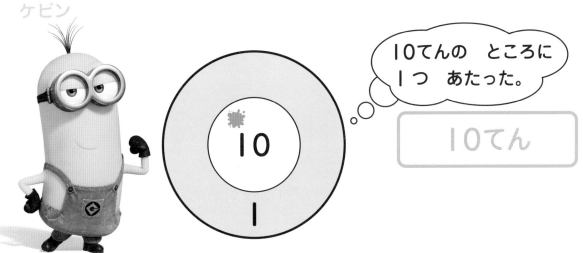

10てんの ところに
1つ あたった。

10てん

スチュアート

1てんの ところに
5つ あたった。

5てん

しき　10+ 5 = 15

こたえ　15てん

41　©くもん出版

② つぎの たしざんを しよう。 （1つ 10てん）

① $10 + 3 = \boxed{13}$

② $8 + 10 = \boxed{}$

③ $11 + 7 = \boxed{}$

④ $14 + 2 = \boxed{}$

⑤ $16 + 1 = \boxed{}$

⑥ $15 + 4 = \boxed{}$

③ たまごは あわせて なんこかな。
しきに かいて こたえよう。 （1つ 10てん）

12こ　　　　　　　　6こ

しき $\boxed{}$

こたえ $\boxed{}$

① ボブと　カールが　すうじの　かかれた　カードを
1まいずつ　めくって、かかれて　いる
すうじの　おおきさで　しょうぶを
して　いるよ。

（1つ　5てん）

ボブ　　　　　　　　　　　　　　　　　　　　カール

①ボブの　カードの　すうじが　16で、カールの　カードの　すうじが
　ボブより　10ちいさいとき、カールの　すうじは　いくつかな。

しき　　16−10＝6

こたえ　　6

16　　？

ボブ　　カール

②カールの　カードの　すうじが　15で、ボブの　カードの　すうじが
　カールより　11ちいさいとき、ボブの　すうじは　いくつかな。

しき

こたえ

？　　15

ボブ　　カール

② つぎの ひきざんを しよう。　　　　　　　　（1つ 10てん）

① 13 − 3 = 10

② 19 − 9 =

③ 14 − 1 =

④ 16 − 2 =

⑤ 17 − 5 =

⑥ 18 − 7 =

③ デイブと ケビンが モンスターを
あつめる ゲームを して いるよ。
デイブは 19ひき、ケビンは 7ひき あつめたよ。
どちらが なんびき おおく あつめたかな。　（1つ 10てん）

しき

こたえ　　　が　　　ひき
おおく あつめた。

44

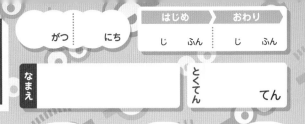
22 たしざん・ひきざんの れんしゅう②

① つぎの　けいさんを　しよう。

（1つ 5てん）

① 10＋ 4 ＝ ☐　　　② 10＋ 8 ＝ ☐

③ 10＋ 3 ＝ ☐　　　④ 10＋ 5 ＝ ☐

⑤ 12＋ 5 ＝ ☐　　　⑥ 17＋ 2 ＝ ☐

⑦ 13－ 3 ＝ ☐　　　⑧ 15－ 5 ＝ ☐

⑨ 15－ 2 ＝ ☐　　　⑩ 14－ 1 ＝ ☐

⑪ 19－ 5 ＝ ☐　　　⑫ 17－ 6 ＝ ☐

2 カールは シールを 11まい もって いるよ。
5まい もらうと、ぜんぶで なんまいに なるかな。

（1つ 5てん）

しき

こたえ

3 こうえんに 16にん いるよ。
その うち おとなは 6にん いるよ。
こどもは なんにんかな。　　（1つ 5てん）

しき

こたえ

4 こたえが 15になる カードを ぜんぶ えらんで
まるで かこもう。

（ぜんぶ できて 20てん）

| 12 + 3 | 11 + 5 | 13 − 2 |

| 14 − 1 | 19 − 4 | 17 + 2 |

46

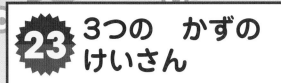

23　3つの　かずの　けいさん

がつ　　にち

はじめ　▶　おわり
じ　ふん　　じ　ふん

なまえ

とくてん　　　てん

① ミニオンたちが　おかしを　さがして　いるよ。
へやに　かかれて　ある　かずを　たして
10に　なるように、スタートから　ゴールまで　すすもう。

（30てん）

©くもん出版

② つぎの けいさんを しよう。 （1つ 10てん）

① $2 + 4 + 3 = \boxed{9}$

② $10 - 7 + 1 = \boxed{}$

③ $1 + 9 - 6 = \boxed{}$

④ $15 - 5 - 8 = \boxed{}$

③ ミニオンが くるまに
3にん のって いるよ。
とちゅうで 6にん
のって きたよ。
その あと、4にん
おりたよ。
ミニオンは、なんにんに
なったかな。 （1つ 15てん）

しき □

こたえ □

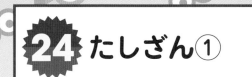

24 たしざん①

なまえ

がつ　にち

はじめ　おわり
じ　ふん　じ　ふん

とくてん　てん

① ミニオンたちが　いえを　たずねて
おかしを　もらって　いるよ。
おかしは　ぜんぶで　いくつに　なるかな。　　（1つ　5てん）

① 1つめの　いえで　8こ、
　2つめの　いえで　3こ　もらったよ。

しき

こたえ

② 1つめの　いえで　9こ、
　2つめの　いえで　7こ　もらったよ。

しき

こたえ

©くもん出版

② つぎの たしざんを しよう。　　　　　（1つ 10てん）

① $9 + 4 = 13$　　　② $9 + 6 = \boxed{}$

③ $8 + 7 = \boxed{}$　　　④ $8 + 5 = \boxed{}$

⑤ $7 + 5 = \boxed{}$　　　⑥ $7 + 4 = \boxed{}$

③ たての かずと よこの かずを たして、
こたえを かこう。　　　　　（ぜんぶ できて 20てん）

たて＼よこ	4	5	6
7	11		
8			
9			

がつ　にち

① ボブが　コインを　あつめる　ゲームを　して　いるよ。
コインは　ぜんぶで　なんまいに　なるかな。　（1つ　5てん）

① 1かいめは　5まい、
　2かいめは　7まい　あつめたよ。

しき

こたえ

② 1かいめは　6まい、
　2かいめは　9まい　あつめたよ。

しき

こたえ

② つぎの たしざんを しよう。 （1つ 10てん）

① 5 + 8 = ☐

② 4 + 7 = ☐

③ 3 + 9 = ☐

④ 6 + 8 = ☐

⑤ 7 + 7 = ☐

⑥ 8 + 9 = ☐

③ ミニオンが 2まいの カードを もって きたよ。
しきに あう カードは どちらかな。
すうじを かこう。

（1つ 10てん）

① ☐ + 7 = 13

② ☐ + 8 = 15

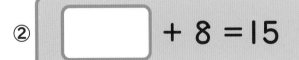

26 ひきざん

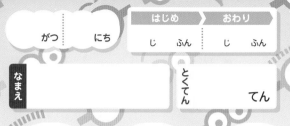

はじめ		おわり	
じ	ふん	じ	ふん

なまえ

とくてん　てん

① ミニオンたちが　ひきざんの　カードを
やぶって　しまったよ。
しきと　こたえが　あうように　せんで　むすぼう。

（1つ　8てん）

しき　　　　　　　　　　　　　こたえ

12 − 9 = ☆　　　　　☆ = 8

13 − 5 = ☆　　　　　☆ = 3

11 − 7 = ☆　　　　　☆ = 4

14 − 8 = ☆　　　　　☆ = 5

11 − 6 = ☆　　　　　☆ = 6

② つぎの ひきざんを しよう。　　　　　　　　　（1つ 5てん）

① 16 - 8 = 8

② 12 - 9 = □

③ 11 - 7 = □

④ 14 - 8 = □

③ ラムネが 13こ あるよ。
5こ たべると、のこりは なんこかな。　　　（1つ 10てん）

しき □

こたえ □

④ ほしの かざりが 16こ、
まるい かざりが 9こ あるよ。
どちらが なんこ おおいかな。　　　　　　　（1つ 10てん）

しき □

こたえ □ が □ こ おおい。

がつ　にち

はじめ		おわり	
じ	ふん	じ	ふん

なまえ

とくてん　てん

① つぎの　けいさんを　しよう。　　（1つ　5てん）

① 6 + 8 =

② 2 + 9 =

③ 5 + 7 =

④ 4 + 8 =

⑤ 3 + 9 =

⑥ 9 + 5 =

⑦ 14 − 7 =

⑧ 13 − 6 =

⑨ 16 − 9 =

⑩ 17 − 8 =

⑪ 11 − 5 =

⑫ 12 − 4 =

② こたえが おなじに なる ものを せんで むすぼう。

（1つ 5てん）

7 + 6	★	★	6 + 5
15 − 8	★	★	4 + 9
8 + 3	★	★	14 − 5
18 − 9	★	★	12 − 5

③ りんごが 16こ あるよ。
8こ たべると、のこりは なんこに
なるかな。　　　　　　（1つ 10てん）

しき

こたえ

がつ　　にち

はじめ　　おわり
じ　ふん　　じ　ふん

なまえ

とくてん

てん

①　ミニオンが　あめを　バラバラに　して　しまったよ。
　　ぜんぶで　あめは　いくつ　あるかな。
　　10ずつ　まとめて　かぞえよう。

（1つ　20てん）

①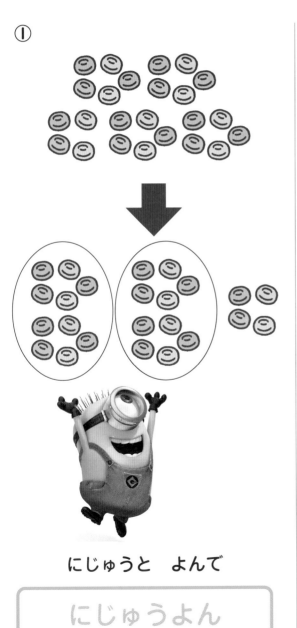

にじゅうと　よんで

にじゅうよん

②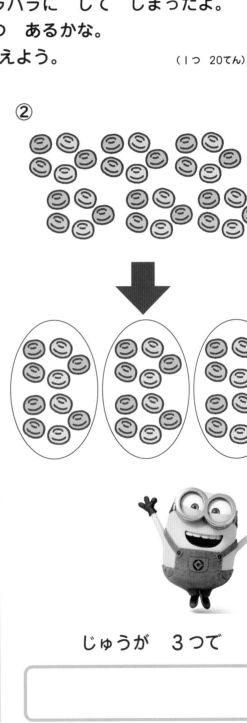

じゅうが　3つで

② ただしく　かぞえて　いるのは　どちらかな。
まるで　かこもう。

（1つ　20てん）

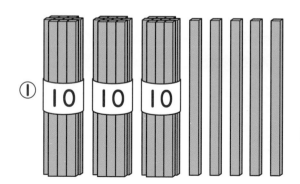

① あ　ごじゅうさん

い　さんじゅうご

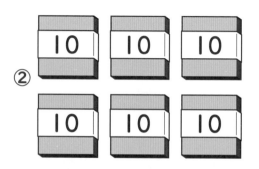

② あ　じゅうろく

い　ろくじゅう

③ よんじゅうろく　ある　ものを、あから　うの
なかから　えらんで　まるで　かこもう。

（20てん）

あ　　　　　　　　い　　　　　　　　う

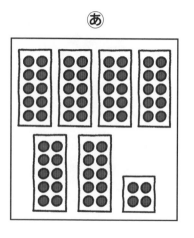
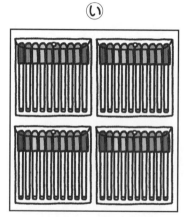

29 おおきい　かずの　かきかた

がつ　　にち

なまえ

はじめ　　おわり
じ　ふん　　じ　ふん

とくてん　　てん

① ぼうの　かずが　かいて　ある　かみを、
ミニオンたちが　とって　いったよ。ぼうの　かずを
かぞえて、はんにんを　せんで　むすぼう。

（ぜんぶ　できて　20てん）

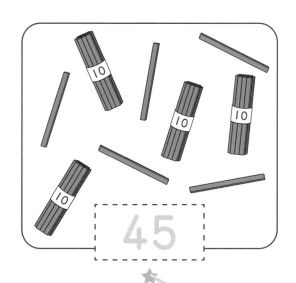

45

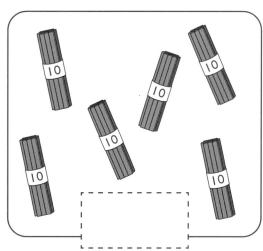

| 54 | 60 | 45 | 56 |

©くもん出版

2 □に あてはまる かずを かこう。 （1つ 10てん）

① 10が 2こと 1が 5こで 　25

② 10が 3こと 1が 3こで 　□

③ 48は 10が □こと 1が □こ

④ 10が 7こで 　□

⑤ 十のくらいが 2、
一のくらいが 7のかずは 　□

3 ○に いろを ぬって、つぎの かずを あらわそう。

（1つ 10てん）

①

63

○○○○○ ○○○○○	
○○○○ ○○○○	
十のくらい	一のくらい

②

40

○○○○○ ○○○○○	
○○○○ ○○○○	
十のくらい	一のくらい

30 100までの かず①

① 〔1〕 ミニオンたちが かずの カードを バラバラに
して しまったよ。
2まいずつ つかって、いちばん おおきい かずと、
いちばん ちいさい かずを つくろう。

（1つ 10てん）

いちばん おおきい かず

いちばん ちいさい かず

©くもん出版

2 ミニオンたちが いる ところを みつけて、
きごうと かずを かこう。

（1つ 20てん）

60　　70

あ　　い　　う

①フィルは 60より 3
　おおきい ところに いるよ。

②ボブは 60より 5
　ちいさい ところに いるよ。

③スチュアートは 70より
　2 おおきい ところに いるよ。

きごう ・ かず

い ・ 63

・

・

3 かずの おおきい ほうを まるで かこもう。

（1つ 10てん）

①
100　　99

②
77　　76

はじめ　おわり
がつ　にち　じ　ふん　じ　ふん
なまえ
とくてん　てん

① 0から 100までの かずの ひょうが あるよ。
ミニオンたちが ペンキで かくして しまった
ところの かずを かこう。

（1つ 10てん）

0		2	3	4	5	6	7	8	9
10	11	12	13	14	15	16	17	18	19
20	21	22	23	24	25	26	27	28	29
30	31	32	33	34	35	36	37	38	39
40	41	42	43	44	45	46	47	48	
50	51	52	53	54	55	56	57	58	59
60	61	62	63	64	65	66	67	68	69
70	71	72	73	74	75	76	77	78	79
80	81	82	83	84	85	86	87	88	89
90	91	92	93	94	95	96	97	98	99

① | 1 |

②  | |

③  | |

©くもん出版

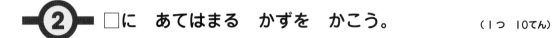

2 □に あてはまる かずを かこう。 （1つ 10てん）

①

93　94　95　96　97　98　99　□

②

65　66　67　68　□　□　71　72

③

□　40　50　60　70　80　90　□

3 したの かずのせんの めもりは
いくつずつ ふえて いるかな。

（10てん）

50　55　60　65　70　75

□ ずつ ふえて いる。

©くもん出版

がつ　にち

はじめ　おわり
じ　ふん　じ　ふん

なまえ

とくてん　てん

① ミニオンが　まいごに　なって　いるよ。
かずが　おおきく　なるように　へやを　とおって
ゴールまで　つれて　いって　あげよう。　　　（30てん）

スタート			
87	95	73	126
79	103	97	119
101	116	124	128
101	115	123	134

ゴール

② ぼうの かずを かぞえよう。　（1つ 20てん）

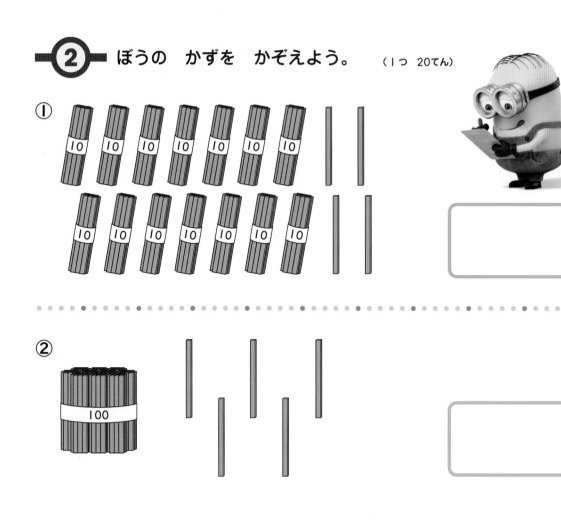

①
[　　　]

②
[　　　]

③ □に あてはまる かずを かこう。　（1つ 5てん）

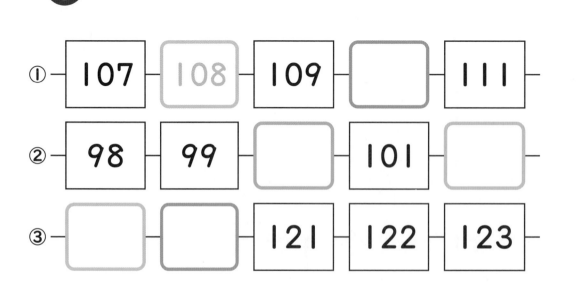

① 107 — 108 — 109 — [　] — 111

② 98 — 99 — [　] — 101 — [　]

③ [　] — [　] — 121 — 122 — 123

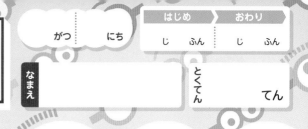

がつ　にち

なまえ

はじめ　おわり
じ　ふん　じ　ふん

とくてん　てん

① ミニオンたちが　もじの　かかれた　5まいの
カードを　かくして　いるよ。
ヒントから　したの　あんごうを　といて、
5まいの　カードに　かかれた　もじを　あてよう。

（ぜんぶ　できて　40てん）

ヒント

5……よ	10……に
20……う	25……ん
50……ち	65……び
75……は	100……こ

60+40	21+ 4	100−90	57− 7	78− 3
こ				

② つぎの けいさんを しよう。　　　　　　　　（1つ 5てん）

① 20＋40＝ 60

② 70＋30＝

③ 80＋ 7 ＝

④ 55＋ 4 ＝

⑤ 60－50＝

⑥ 100－50＝

⑦ 93－ 3 ＝

⑧ 28－ 6 ＝

③ バナナが 50ぽん あるよ。
20ぽん たべたよ。
のこりは なんぼんに なるかな。

（1つ 10てん）

しき

こたえ

68　　　　　　　　　　　　　　　　　　　　　　　　©くもん出版

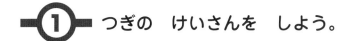

---

① つぎの けいさんを しよう。

（1つ 5てん）

① $50 + 30 =$ 　　　　② $40 + 60 =$

③ $80 - 40 =$ 　　　　④ $100 - 10 =$

⑤ $20 + 8 =$ 　　　　⑥ $79 - 9 =$

⑦ $35 + 4 =$ 　　　　⑧ $41 + 7 =$

⑨ $93 + 6 =$ 　　　　⑩ $58 - 3 =$

⑪ $66 - 1 =$ 　　　　⑫ $89 - 5 =$

② こたえが おおきい ほうを まるで かこもう。

（1つ 5てん）

① 21 + 8  24 + 4

② 37 − 5  34 − 3

③ 63 + 4  69 − 1

③ ボブは かみを 30まい、
ケビンは かみを 70まい
もって いるよ。
あわせて かみは なんまい あるかな。

（ぜんぶ できて 25てん）

しき

こたえ

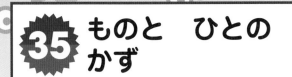
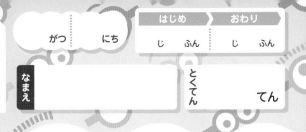
① ふうせんが　7こ　あるよ。
5にんの　ミニオンたちに　1こずつ　あげると、
ふうせんは　なんこ　のこるかな。

（1つ　8てん）

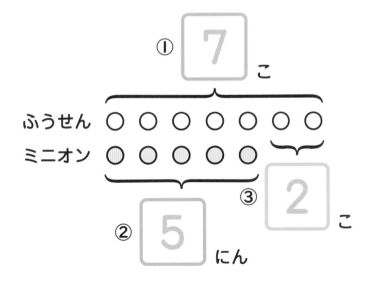

① 7 こ

ふうせん ○ ○ ○ ○ ○ ○ ○
ミニオン ○ ○ ○ ○ ○

③ 2 こ

② 5 にん

しき

7 − 5 = 2

こたえ

② うきわが　4こ　あるよ。
ミニオンたちが　ひとり　1こずつ　もつと、
うきわが　ない　ミニオンは　4にん　いたよ。
ミニオンは　ぜんぶで　なんにん　いるかな。

（1つ　8てん）

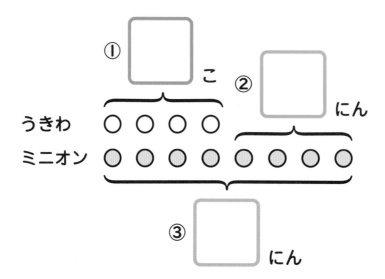

しき

こたえ

③ 6にんの　ミニオンが　ひとり　1こずつ
ボールを　もって　いるよ。
まだ　ボールは　4こ　のこって　いるよ。
ボールは　ぜんぶで　なんこ　あるかな。

（1つ　10てん）

しき

こたえ

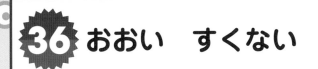
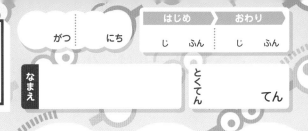

① スチュアートと ボブが まとあてゲームを したよ。

スチュアート

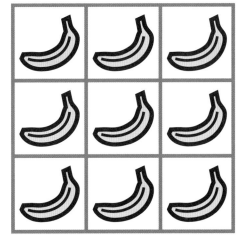

ボブ

スチュアートが あてた まいすうは 5まい、
ボブが あてた まいすうは
スチュアートより 3まい おおかったみたいだよ。

ボブの あてた まいすうの かずだけ
バナナに いろを ぬろう。

（40てん）

73　　　　　　　　　　　　　　　　　　　　　©くもん出版

② カールは ケーキを 6こ、
ケビンは カールより 2こ すくなく もらったよ。

カール　　　　　　　ケビン

①この ばめんを ただしく あらわして いるのは どちらかな。
まるで かこもう。

（30てん）

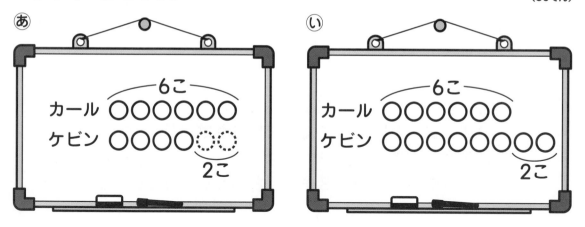

②ケビンは ケーキを なんこ もらったかな。

（1つ 15てん）

しき

こたえ

こたえ

1 かず（1〜5） 3・4ページ

①

② ①3 ②4 ③2 ④1 ⑤5

③ ①3 ②5

2 かず（6〜10） 5・6ページ

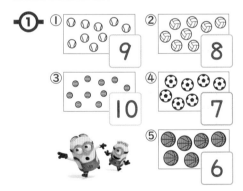

① ①9 ②8 ③10 ④7 ⑤6

②

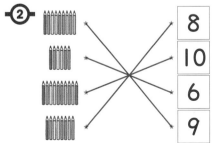

③ ①10 ②7

3 かずの ならびかた① 7・8ページ

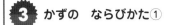

① ①い ②あ

② ①3 ②7 ③10

③ ①⑤3 ②⑩9

4 かずの ならびかた② 9・10ページ

① ①3 ②8 ③6 ④10

②

5 いくつと いくつ（5、6を わける） 11・12ページ

① ①3と2 ②2と4

② ①5（2 3） ②5（4 1） ③6（5 1） ④6（3 3）

③ ①う ②い

75 ©くもん出版

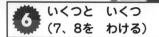

6 いくつと いくつ（7、8を わける）　13・14ページ

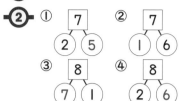

① ①3と4　②5と3

② ①7 → 2, 5　②7 → 1, 6　③8 → 7, 1　④8 → 2, 6

③ ①8　②7　③8　④7

7 いくつと いくつ（9、10を わける）　15・16ページ

① ①6、3、3　②5、5、5

②
7
◯◯◯◯◯◯◯◯◯◯

4
◯◯◯◯◯◯◯◯◯◯

③ ①10 → 1, 9　②10 → 4, 6　③10 → 2, 3, 5

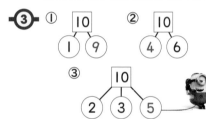

ポイント

「2と　3で　5」、「5と　5で　10」
と　いうように、じゅんばんに
かんがえましょう。

8 なんばんめ　17・18ページ

①
ひだり　…　みぎ

②
まえ　…　うしろ

③ みぎから　3ばんめ

④ うえから　4ばんめ

ポイント

「ひだりから」、「みぎから」、「うえから」、
「したから」と、どこから　かぞえて
いるかを　かんがえましょう。

9 あわせて いくつ　19・20ページ

①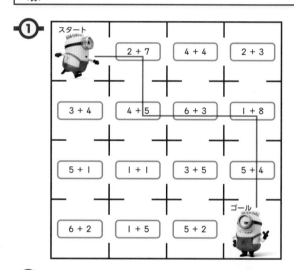

スタート
2 + 7	4 + 4	2 + 3
3 + 4	4 + 5	6 + 3	1 + 8
5 + 1	1 + 1	3 + 5	5 + 4
6 + 2	1 + 5	5 + 2
ゴール

② ①7　②8　③6　④8

③ ①しき　2 + 3 = 5　こたえ　5こ
　　②しき　4 + 2 = 6　こたえ　6こ

10 ふえると いくつ　21・22ページ

① ①しき　1 + 2 = 3　こたえ　3にん
　　②しき　1 + 3 = 4　こたえ　4にん

② ①8　②7　③9　③9　⑤10　⑥10

③ ①4　②2

11 のこりは いくつ　23・24ページ

- ① ①4　②2　③3　④6　⑤2
- ② ①4　②5　③2　④5　⑤3　⑥1　⑦8
- ③ しき　9－6＝3　　こたえ　3ぼん

12 ちがいは いくつ　25・26ページ

- ① しき　8－6＝2　　こたえ　2こ
- ② あ　う

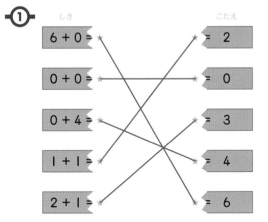

ポイント

①は、9－7＝2　で、ちがいは　2
えは、8－4＝4　で、ちがいは　4
に　なります。

- ③ 6－2＝4　　9－5＝4

13 0の たしざん　27・28ページ

- ①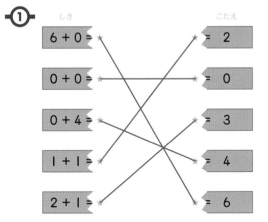

しき		こたえ
6＋0＝		＝2
0＋0＝		＝0
0＋4＝		＝3
1＋1＝		＝4
2＋1＝		＝6

- ② ①1　②5　③0　④7　⑤9
- ③ しき　0＋3＝3　　こたえ　3てん

14 0の ひきざん　29・30ページ

- ① ①しき　3－1＝2　　こたえ　2こ
  　②しき　3－3＝0　　こたえ　0こ
  　③しき　3－0＝3　　こたえ　3こ
- ② ①1　②6　③5　④0　⑤0　⑥0

- ③ しき　6－6＝0　　こたえ　0ほん

15 たしざん・ひきざんの れんしゅう①　31・32ページ

- ① ①8　②6　③7　④2　⑤9　⑥7
  　⑦3　⑧6　⑨2　⑩9　⑪1　⑫2
- ② ①＋　②－　③＋
- ③ しき　6－3＝3

  こたえ　ボブが　3つ

  　　　　おおく　もって　いる。

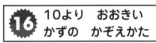
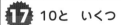

ポイント

ボブが　6つ、トムが　3つだから、
6と　3を　くらべると、6の　ほうが
おおきいです。
おおきい　かずから　ちいさい　かずを
ひくと、ちがいが　わかります。

16 10より おおきい かずの かぞえかた　33・34ページ

- ① ①11　②18
- ② ①い　②あ
- ③ ①12　②20

17 10と いくつ　35・36ページ

- ① ①3　②8　③10　④10
- ② ①14　②20　③10　④10
- ③ ① 11 → (10)(1)　② 18 → (10)(8)
  　③ 15 → (10)(5)　④ 17 → (10)(7)

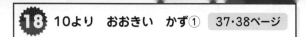

18　10より　おおきい　かず①　37・38ページ

①

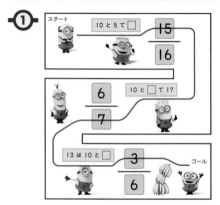

② ① 13　① 19　① 11

③ ① 14　17　② 16　11
　　③ 12　20

かずのせんを　みて、かんがえましょう。
みぎに　ある　ほうが　おおきい
かずに　なります。

19　10より　おおきい　かず②　39・40ページ

① ① 13　② 20　③ 15　④ 17

② 0→2→5→7→12→14→18→20

20　10より　おおきい　かずの　たしざん　41・42ページ

① 10てん、5てん

　　しき　10+5=15

　　こたえ　15てん

② ① 13　② 18　③ 18　④ 16　⑤ 17
　　⑥ 19

③ しき　12+6=18　　こたえ　18こ

21　10より　おおきい　かずの　ひきざん　43・44ページ

① ① しき　16-10=6　　こたえ　6
　　② しき　15-11=4　　こたえ　4

78

---

② ① 10　② 10　③ 13　④ 14　⑤ 12
　　⑥ 11

③ しき　19-7=12

　　こたえ　デイブが　12ひき

　　　　　　おおく　あつめた。

デイブが　19ひき、ケビンが　7ひき
だから、19と　7を　くらべると、
19の　ほうが　おおきいです。
おおきい　かずから　ちいさい　かずを
ひくと、ちがいが　わかります。

22　たしざん・ひきざんの　れんしゅう②　45・46ページ

① ① 14　② 18　③ 13　④ 15　⑤ 17
　　⑥ 19　⑦ 10　⑧ 10　⑨ 13　⑩ 13
　　⑪ 14　⑫ 11

② しき　11+5=16

　　こたえ　16まい

③ しき　16-6=10

　　こたえ　10にん

④

23　3つの　かずの　けいさん　47・48ページ

①

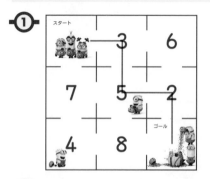

② ① 9　② 4　③ 4　④ 2

③ しき　3+6-4=5

　　こたえ　5にん

©くもん出版

24 たしざん① 49・50ページ

1
- ① しき 8 + 3 = 11　こたえ 11こ
- ② しき 9 + 7 = 16　こたえ 16こ

2
- ① 13　② 15　③ 15　④ 13　⑤ 12
- ⑥ 11

3

よこ / たて	4	5	6
7	11	12	13
8	12	13	14
9	13	14	15

25 たしざん② 51・52ページ

1
- ① しき 5 + 7 = 12
  - こたえ 12まい
- ② しき 6 + 9 = 15
  - こたえ 15まい

2
- ① 13　② 11　③ 12　④ 14　⑤ 14
- ⑥ 17

3
- ① 6　② 7

≡ ポイント ≡
2まいの カードを あてはめて
かんがえましょう。
6 + 7 = 13　○　　9 + 7 = 16　×
5 + 8 = 13　×　　7 + 8 = 15　○

26 ひきざん 53・54ページ

1

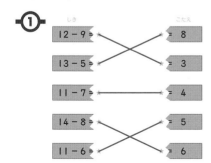

しき		こたえ
12 − 9 =		= 8
13 − 5 =		= 3
11 − 7 =		= 4
14 − 8 =		= 5
11 − 6 =		= 6

2
- ① 8　② 3　③ 4　④ 6

3
- しき 13 − 5 = 8　こたえ 8こ

4
- しき 16 − 9 = 7
  - こたえ ほしの かざりが
    - 7こ おおい。

27 たしざん・ひきざんの れんしゅう③ 55・56ページ

1
- ① 14　② 11　③ 12　④ 12　⑤ 12
- ⑥ 14　⑦ 7　⑧ 7　⑨ 7　⑩ 9　⑪ 6
- ⑫ 8

2
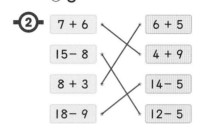

7 + 6		6 + 5
15 − 8		4 + 9
8 + 3		14 − 5
18 − 9		12 − 5

3
- しき 16 − 8 = 8　こたえ 8こ

28 おおきい かずの かぞえかた 57・58ページ

1
- ① にじゅうよん　② さんじゅう

2
- ① ⓘ　② ⓘ

3
- Ⓤ

29 おおきい かずの かきかた 59・60ページ

1
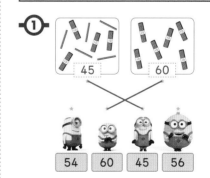

45	60

| 54 | 60 | 45 | 56 |

2
- ① 25　② 33　③ 4、8　④ 70
- ⑤ 27

3
- ①

●●●●●　●●●○○
●○○○○　○○○○○

| 十のくらい | 一のくらい |

- ②

●●●●●　○○○○○
○○○○○　○○○○○

| 十のくらい | 一のくらい |

30 100までの かず①　61・62ページ

① いちばん おおきい かず **87**
　　　いちばん ちいさい かず **34**

② ① ⓘ・63　② ⓐ・55　③ ⓒ・72

③ ① ⟨100⟩ 99　② ⟨77⟩ 76

31 100までの かず②　63・64ページ

① ① 1　② 49　③ 100

② ① 95、100　② 69、70
　　　③ 30、100

③ 5

32 100より おおきい かず　65・66ページ

①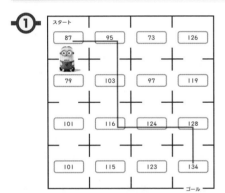

② ① 144　② 105

③ ① 108、110　② 100、102
　　　③ 119、120

33 100までの かずの けいさん　67・68ページ

① こんにちは

② ① 60　② 100　③ 87　④ 59
　　　⑤ 10　⑥ 50　⑦ 90　⑧ 22

③ しき　50−20=30
　　　こたえ　30ぽん

34 たしざん・ひきざんの れんしゅう④　69・70ページ

① ① 80　② 100　③ 40　④ 90
　　⑤ 28　⑥ 70　⑦ 39　⑧ 48　⑨ 99
　　⑩ 55　⑪ 65　⑫ 84

② ① ⟨21+8⟩　24+4
　　② ⟨37−5⟩　34−3
　　③ 63+4　⟨69−1⟩

ポイント
それぞれ けいさんを して
かんがえましょう。
21+8 =29　　24+4 =28
37−5 =32　　34−3 =31
63+4 =67　　69−1 =68

③ しき　30+70=100
　　　こたえ　100まい

35 ものと ひとの かず　71・72ページ

① ① 7　② 5　③ 2
　　　しき　7−5=2　　こたえ　2こ

② ① 4　② 4　③ 8
　　　しき　4+4=8　　こたえ　8にん

③ しき　6+4=10　　こたえ　10こ

ポイント
ずで かんがえると したの ように
なります。
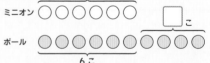

36 おおい すくない　73・74ページ

①

② ① ⓐ
　　② しき　6−2=4　　こたえ　4こ